夏休《なつやす》みドリル 算数《さんすう》 アドバイス

小学《しょうがく》 2年《ねん》

別冊《べっさつ》
★取《と》り外《はず》して使《つか》えます。

お……て、点数《てんすう》をつけましょう。もし、わからなかった問題《もんだい》
か……習のアドバイス」を読《よ》んで、お子《こ》さんに説明《せつめい》しながら、
……強《きょう》していけば、必《かなら》ず力《ちから》がつきます。

算数《さんすう》 1 たし算《ざん》 ―1年《ねん》の おさらい―

月《がつ》 日《にち》

とく点《てん》　　点《てん》　シール

1 計算《けいさん》を しましょう。　1つ3点→18点

① 9＋7＝ 16　② 5＋7＝ 12
③ 8＋9＝ 17　④ 3＋8＝ 11
⑤ 6＋7＝ 13　⑥ 8＋7＝ 15

2 いちごを 朝《あさ》に 6こ、夜《よる》に 8こ 食《た》べました。
合《あ》わせて 何《なん》こ 食《た》べたでしょう。　しき3点、答え3点→6点

しき 6＋8＝14　答《こた》え 14こ

3 上《うえ》と 下《した》で、答《こた》えが 同《おな》じに なる しきを
線《せん》で むすびましょう。　1つ4点→16点

2＋9　9＋6　4＋8　4＋9

7＋8　5＋8　7＋4　7＋5

(2＋9 — 7＋4、9＋6 — 7＋8、4＋8 — 7＋5、4＋9 — 5＋8)

4 計算《けいさん》を しましょう。　1つ3点→18点

① 20＋8＝ 28　② 60＋40＝ 100
③ 34＋5＝ 39　④ 7＋61＝ 68
⑤ 50＋30＝ 80　⑥ 43＋4＝ 47

5 答《こた》えが 大《おお》きいほうの □に ○を 書《か》きましょう。　1つ4点→24点

① 82＋7 □ / 50＋40 ○
② 5＋33 ○ / 6＋30 □
③ 9＋8 ○ / 4＋11 □
④ 30＋20 □ / 7＋50 ○
⑤ 60＋40 ○ / 80＋8 □
⑥ 42＋6 □ / 30＋40 ○

6 答《こた》えが 13に なるように □に 数字《すうじ》を 入《い》れましょう。　1つ3点→18点

① 9＋ 4 ＝13　② 8 ＋5＝13
③ 6 ＋7＝13　④ 4＋ 9 ＝13
⑤ 5 ＋8＝13　⑥ 7 ＋6＝13

2 算数2年　　算数2年 3

学習《がくしゅう》の アドバイス

1 たし算《ざん》 ―1年《ねん》の おさらい―

1～**3**は、答《こた》えが 20 までのくり上《あ》がりがあるたし算《ざん》です。たし算《ざん》の 20 までの合成《ごうせい》と分解《ぶんかい》を暗記《あんき》しておくと、計算力《けいさんりょく》がつき、あとが楽《らく》になります。**4** **5**は、たす数《かず》の位《くらい》をまちがえないよう、落《お》ち着《つ》いて計算《けいさん》しましょう。**6**は、「13」は9と4、8と5のように、13の数《かず》の分解《ぶんかい》ができると答《こた》えは速《はや》く求《もと》められます。

算数《さんすう》 2

月《がつ》　日《にち》

ひき算《ざん》 ―1年《ねん》の　おさらい―

とく点《てん》　　点《てん》

シール

1 計算《けいさん》を　しましょう。　1つ3点→18点

① 16－9＝ 7　　② 14－8＝ 6

③ 18－9＝ 9　　④ 11－9＝ 2

⑤ 12－7＝ 5　　⑥ 15－7＝ 8

2 風船《ふうせん》が　13こ　あります。9こ　われて　しまいました。
のこりは　なんこですか。　しき3点、答え3点→6点

しき　13－9＝4　　答《こた》え　4こ

3 上《うえ》と　下《した》で、答《こた》えが　同《おな》じに　なる　しきを
線《せん》で　むすびましょう。　1つ4点→16点

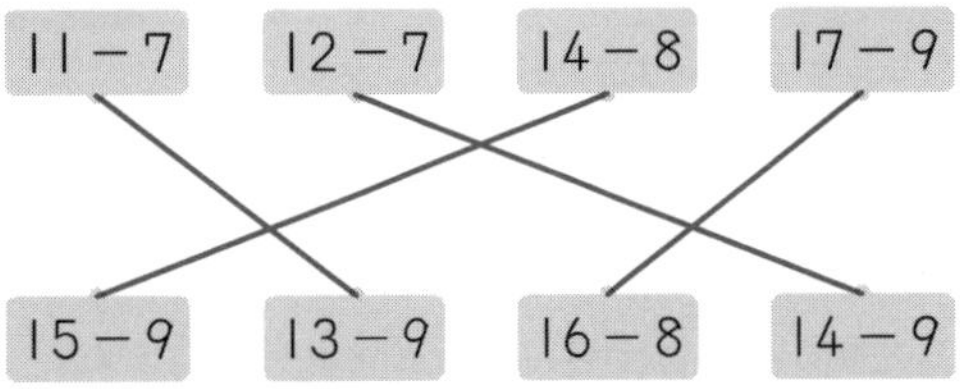

4 計算《けいさん》を　しましょう。　1つ3点→18点

① 40－20＝ 20　　② 70－30＝ 40

③ 58－8＝ 50　　④ 37－4＝ 33

⑤ 69－7＝ 62　　⑥ 100－40＝ 60

5 答《こた》えが　小《ちい》さいほうの　□に　○を　書《か》きましょう。　1つ4点→24点

①	16－7	○
	18－8	
②	90－80	○
	50－30	
③	17－9	
	14－8	○
④	87－3	
	100－20	○
⑤	60－20	
	70－40	○
⑥	18－9	○
	19－6	

6 答《こた》えが　7に　なるように　□に　数字《すうじ》を　入《い》れましょう。　1つ3点→18点

① 11－ 4 ＝7　　② 13 －6＝7

③ 15 －8＝7　　④ 14－ 7 ＝7

⑤ 16－ 9 ＝7　　⑥ 12 －5＝7

算数《さんすう》 3

月《がつ》　日《にち》

ひょうと　グラフ

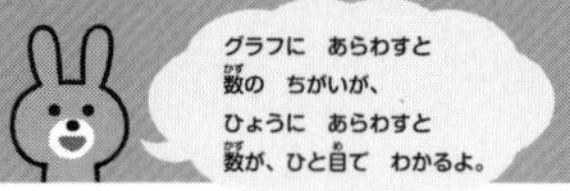

とく点《てん》　　点《てん》

シール

1 絵《え》を　見《み》て、下《した》の　もんだいに　答《こた》えましょう。

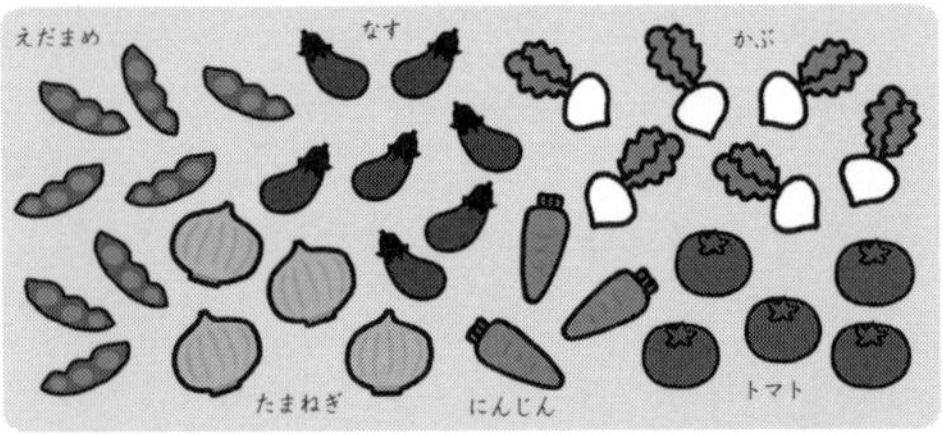

① 野《や》さいの　数《かず》を　下《した》の　グラフに　○で　あらわしましょう。　1つ5点→25点

野《や》さいの　数《かず》しらべ

			○		
			○		○
		○	○		○
○		○	○		○
○		○	○	○	○
○	○	○	○	○	○
○	○	○	○	○	○
○	○	○	○	○	○
トマト	にんじん	かぶ	えだまめ	たまねぎ	なす

② 野《や》さいの　数《かず》を　下《した》の　ひょうに　書《か》きましょう。　1つ4点→20点

トマト	にんじん	かぶ	えだまめ	たまねぎ	なす
5	3	6	8	4	7

2 レストランで　ちゅう文《もん》が　多《おお》かった　メニューを
しらべて、下《した》の　ひょうに　しました。

カレーライス	ハンバーグ	スパゲッティ	ピザ	オムライス
3	4	5	9	6

① ちゅう文《もん》した　人《ひと》の　数《かず》を　右《みぎ》の
グラフに　○で　あらわしましょう。　1つ5点→25点

人気《にんき》メニューしらべ

			○	
			○	
			○	
			○	○
		○	○	○
	○	○	○	○
○	○	○	○	○
○	○	○	○	○
○	○	○	○	○
カレーライス	ハンバーグ	スパゲッティ	ピザ	オムライス

② オムライスを　ちゅう文《もん》した　人《ひと》は、
ハンバーグを　ちゅう文《もん》した　人《ひと》より
何人《なんにん》　多《おお》いでしょう。　10点

〔 2人 〕

③ ピザを　ちゅう文《もん》した　人《ひと》は、
カレーライスを　ちゅう文《もん》した　人《ひと》より
何人《なんにん》　多《おお》いでしょう。　10点

〔 6人 〕

④ スパゲッティを　ちゅう文《もん》した　人《ひと》は、
ピザを　ちゅう文《もん》した　人《ひと》より
何人《なんにん》　少《すく》ないでしょう。　10点

〔 4人 〕

算数《さんすう》 4

月《がつ》　日《にち》

時《じ》こくと　時間《じかん》

とく点《てん》　　点《てん》

シール

1▶□に　あてはまる　数《かず》を　書《か》きましょう。　1つ5点→30点

① 90 分《ぷん》＝ 1 時間《じかん》 30 分《ぷん》　② 1 時間《じかん》20 分《ぷん》＝ 80 分《ぷん》

③ 120 分《ぷん》＝ 2 時間《じかん》　④ 2 時間《じかん》30 分《ぷん》＝ 150 分《ぷん》

⑤ 100 分《ぷん》＝ 1 時間《じかん》 40 分《ぷん》　⑥ 1 日《にち》＝ 24 時間《じかん》

2▶左《ひだり》の　時《じ》こくから　右《みぎ》の　時《じ》こくまでの　時間《じかん》は
どれだけでしょう。　1つ5点→20点

①

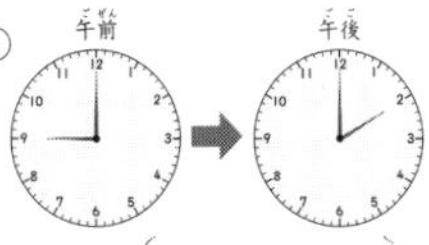

〔 5 時間 〕

②

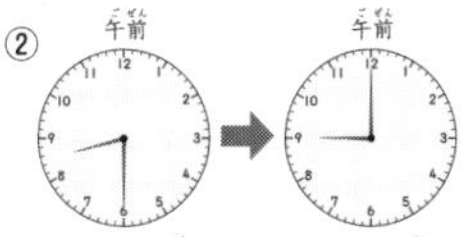

〔 30 分間 〕

③

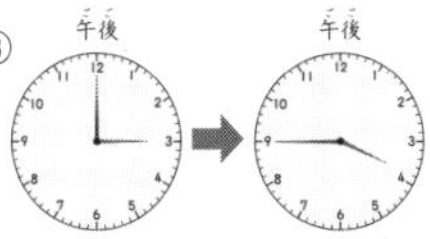

〔 45 分間 〕

④

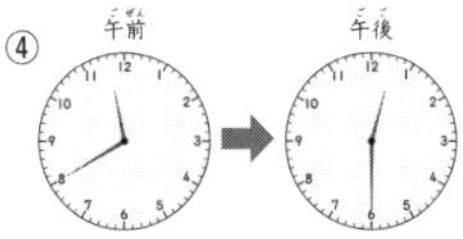

〔 50 分間 〕

3▶時計《とけい》を　見《み》て、下《した》の　①～③に　答《こた》えましょう。　1つ5点→15点

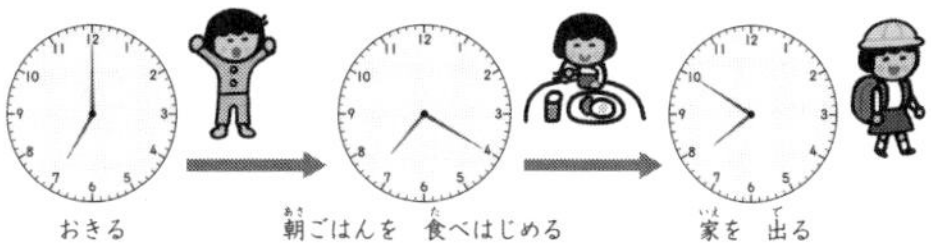

① おきてから、朝《あさ》ごはんを　食《た》べはじめるまでの　時間《じかん》は
20 分間《ぷんかん》です。

② 朝《あさ》ごはんを　食《た》べはじめてから、家《いえ》を　出《で》るまでの　時間《じかん》は
30 分間《ぷんかん》です。

③ おきてから　家《いえ》を　出《で》るまでの　時間《じかん》は 50 分間《ぷんかん》です。

4▶時計《とけい》を　見《み》て、つぎの　時《じ》こくを　答《こた》えましょう。　1つ7点→35点

① 1 時間後《じかんあと》の　時《じ》こく　〔午前《ごぜん》 11 時《じ》 10 分《ぷん》〕

② 30 分前《ぷんまえ》の　時《じ》こく　〔午前《ごぜん》 9 時《じ》 40 分《ぷん》〕

① 1 時間前《じかんまえ》の　時《じ》こく　〔午後《ごご》 2 時《じ》 25 分《ふん》〕

② 30 分後《ぷんあと》の　時《じ》こく　〔午後《ごご》 3 時《じ》 55 分《ふん》〕

③ 1 時間後《じかんあと》の　時《じ》こく　〔午後《ごご》 4 時《じ》 25 分《ふん》〕

学習《がくしゅう》のアドバイス

② ひき算《ざん》 ―1年《ねん》の　おさらい―

1▶～**3**▶は、くり下《さ》がりのあるひき算《ざん》です。学校《がっこう》では、16 − 9 ＝ 16 − 6 − 3 ＝ 7 と、16 − 9 ＝ 10 − 9 ＋ 6 ＝ 7 の 2 つの方法《ほうほう》を指導《しどう》します。どちらの方法《ほうほう》で解《と》いてもかまいません。
4▶**5**▶は、20 より大《おお》きい数《かず》のひき算《ざん》です。**6**▶は、①、④、⑤はひき算《ざん》、②、③、⑥はたし算《ざん》の式《しき》で答《こた》えを求《もと》めます。

学習《がくしゅう》のアドバイス

③ ひょうと　グラフ

1▶は、野菜《やさい》の数量《すうりょう》を分類《ぶんるい》・整理《せいり》し、グラフや表《ひょう》に表《あらわ》して、数量《すうりょう》についての見方《みかた》や考《かんが》え方《かた》の力《ちから》を伸《の》ばす問題《もんだい》です。**2**▶は、メニューの表《ひょう》からグラフを作《つく》り、数量《すうりょう》の関係《かんけい》を数《かず》でとらえる問題《もんだい》です。授業《じゅぎょう》では表《ひょう》とグラフは常《つね》にセットで指導《しどう》します。物《もの》の量《りょう》や大小《だいしょう》のちがいはグラフの方《ほう》がぱっとわかります。

学習《がくしゅう》のアドバイス

④ 時《じ》こくと　時間《じかん》

1▶は、1 時間《じかん》＝ 60 分《ぷん》を理解《りかい》していても、○分《ふん》＝○時間《じかん》○分《ぷん》というような問題《もんだい》では、数《かず》の操作《そうさ》だけだと難《むずか》しく、ミスもあります。算数道具《さんすうどうぐ》の時計《とけい》を使《つか》ったり、「時間《じかん》の数直線《すうちょくせん》」に表《あらわ》して考《かんが》えるとよいでしょう。**2**▶～**4**▶は、時計《とけい》の絵《え》を見《み》て、目盛《めも》りを正確《せいかく》に数《かぞ》えましょう。日常生活《にちじょうせいかつ》では、時刻《じこく》や時間《じかん》を決《き》めて行動《こうどう》する機会《きかい》がたくさんあります。時刻《じこく》を読《よ》んだり、時間《じかん》を考《かんが》えたりして、1 日《にち》の予定《よてい》を立《た》てることも時間《じかん》の勉強《べんきょう》になります。

算数《さんすう》 5

月《がつ》　日《にち》

たし算《ざん》の　ひっ算《さん》（1）

とく点《てん》　　点《てん》

シール

1 計算《けいさん》を　しましょう。　1つ5点→30点

① $\begin{array}{rcc} & 2 & 5 \\ + & 2 & 3 \\ \hline & 4 & 8 \end{array}$　② $\begin{array}{rcc} & 5 & 3 \\ + & 1 & 5 \\ \hline & 6 & 8 \end{array}$　③ $\begin{array}{rcc} & 4 & 0 \\ + & 3 & 2 \\ \hline & 7 & 2 \end{array}$

④ $\begin{array}{rcc} & 1 & 2 \\ + & 2 & 4 \\ \hline & 3 & 6 \end{array}$　⑤ $\begin{array}{rcc} & 3 & 8 \\ + & 2 & 1 \\ \hline & 5 & 9 \end{array}$　⑥ $\begin{array}{rcc} & 6 & 1 \\ + & 2 & 7 \\ \hline & 8 & 8 \end{array}$

2 ひっ算《さん》で　しましょう。　1つ5点→20点

① 40+44

	4	0
+	4	4
	8	4

② 7+52

		7
+	5	2
	5	9

③ 23+21

	2	3
+	2	1
	4	4

④ 34+63

	3	4
+	6	3
	9	7

3 計算《けいさん》を　しましょう。　1つ5点→30点

① $\begin{array}{rcc} & {\scriptstyle 1} & \\ & 2 & 7 \\ + & & 5 \\ \hline & 3 & 2 \end{array}$　② $\begin{array}{rcc} & {\scriptstyle 1} & \\ & & 9 \\ + & 6 & 8 \\ \hline & 7 & 7 \end{array}$　③ $\begin{array}{rcc} & {\scriptstyle 1} & \\ & 3 & 8 \\ + & 1 & 8 \\ \hline & 5 & 6 \end{array}$

④ $\begin{array}{rcc} & {\scriptstyle 1} & \\ & 5 & 8 \\ + & 3 & 4 \\ \hline & 9 & 2 \end{array}$　⑤ $\begin{array}{rcc} & {\scriptstyle 1} & \\ & 7 & 8 \\ + & 1 & 6 \\ \hline & 9 & 4 \end{array}$　⑥ $\begin{array}{rcc} & {\scriptstyle 1} & \\ & 3 & 7 \\ + & 2 & 5 \\ \hline & 6 & 2 \end{array}$

4 ひっ算《さん》で　しましょう。　1つ5点→20点

① 53+38

	1	
	5	3
+	3	8
	9	1

② 27+47

	1	
	2	7
+	4	7
	7	4

③ 39+28

	1	
	3	9
+	2	8
	6	7

④ 56+27

	1	
	5	6
+	2	7
	8	3

算数《さんすう》 6

月《がつ》　日《にち》

ひき算《ざん》の　ひっ算《さん》（1）

とく点《てん》　　点《てん》

シール

1 計算《けいさん》を　しましょう。　1つ5点→30点

① $\begin{array}{rcc} & 7 & 4 \\ - & 5 & 2 \\ \hline & 2 & 2 \end{array}$　② $\begin{array}{rcc} & 4 & 8 \\ - & 2 & 4 \\ \hline & 2 & 4 \end{array}$　③ $\begin{array}{rcc} & 3 & 9 \\ - & 2 & 5 \\ \hline & 1 & 4 \end{array}$

④ $\begin{array}{rcc} & 9 & 7 \\ - & 6 & 3 \\ \hline & 3 & 4 \end{array}$　⑤ $\begin{array}{rcc} & 5 & 6 \\ - & 1 & 5 \\ \hline & 4 & 1 \end{array}$　⑥ $\begin{array}{rcc} & 6 & 7 \\ - & 3 & 2 \\ \hline & 3 & 5 \end{array}$

2 ひっ算《さん》で　しましょう。　1つ5点→20点

① 27−14

	2	7
−	1	4
	1	3

② 55−12

	5	5
−	1	2
	4	3

③ 86−23

	8	6
−	2	3
	6	3

④ 67−45

	6	7
−	4	5
	2	2

3 計算《けいさん》を　しましょう。　1つ5点→30点

① $\begin{array}{rcc} & {\scriptstyle 3} & {\scriptstyle 13} \\ & \cancel{4} & \cancel{3} \\ - & & 5 \\ \hline & 3 & 8 \end{array}$　② $\begin{array}{rcc} & {\scriptstyle 1} & {\scriptstyle 14} \\ & \cancel{2} & \cancel{4} \\ - & & 9 \\ \hline & 1 & 5 \end{array}$　③ $\begin{array}{rcc} & {\scriptstyle 5} & {\scriptstyle 11} \\ & \cancel{6} & \cancel{1} \\ - & 3 & 5 \\ \hline & 2 & 6 \end{array}$

④ $\begin{array}{rcc} & {\scriptstyle 4} & {\scriptstyle 13} \\ & \cancel{5} & \cancel{3} \\ - & 4 & 7 \\ \hline & & 6 \end{array}$　⑤ $\begin{array}{rcc} & {\scriptstyle 6} & {\scriptstyle 14} \\ & \cancel{7} & \cancel{4} \\ - & 2 & 7 \\ \hline & 4 & 7 \end{array}$　⑥ $\begin{array}{rcc} & {\scriptstyle 7} & {\scriptstyle 11} \\ & \cancel{8} & \cancel{1} \\ - & 2 & 5 \\ \hline & 5 & 6 \end{array}$

4 ひっ算《さん》で　しましょう。　1つ5点→20点

① 82−34

	7	12
	~~8~~	~~2~~
−	3	4
	4	8

② 71−16

	6	11
	~~7~~	~~1~~
−	1	6
	5	5

③ 64−58

	5	14
	~~6~~	~~4~~
−	5	8
		6

④ 93−29

	8	13
	~~9~~	~~3~~
−	2	9
	6	4

算数《さんすう》 7

月《がつ》　日《にち》

長《なが》さ

長《なが》さの　計算《けいさん》では、
たんいの　ちがいに　気《き》を
つけて、計算《けいさん》しよう。

とく点《てん》　　点《てん》

シール

1 下《した》の　線《せん》の　長《なが》さは　何《なん》cm 何《なん》mm ですか。
ものさしで　長《なが》さを　はかりましょう。　（1つ4点→12点）

※ 1 ～ 2mm のズレがあっても正解とします。

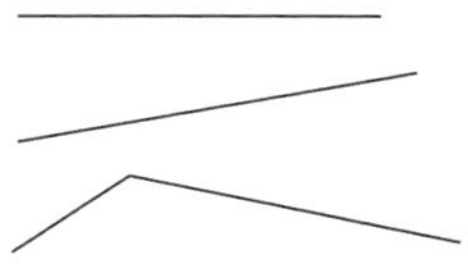

① (6 cm 5 mm)

② (7 cm 2 mm)

③ (8 cm 5 mm)

2 つぎの　長《なが》さの　直線《ちょくせん》を　ものさしを　つかって、
□に　書《か》きましょう。　（1つ4点→8点）

① 7cm

② 10cm8mm

※引いた直線を測り、1 ～ 2mm のズレがあっても正解とします。

3 ものさしの　㋐～㋔の　目《め》もりは、それぞれ　いくつですか。　（1つ4点→20点）

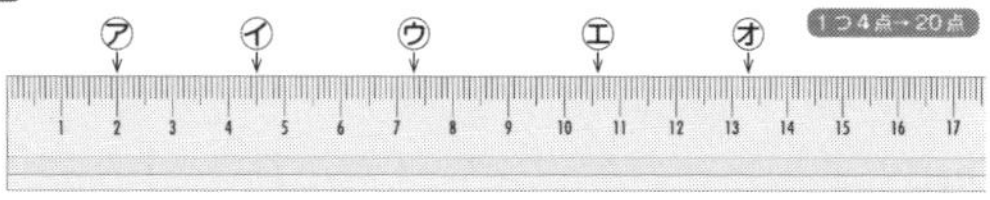

㋐ 2 cm　㋑ 4 cm 5 mm　㋒ 7 cm 3 mm

㋓ 10 cm 6 mm　㋔ 13 cm 3 mm

4 □に　あてはまる　数《かず》を　書《か》きましょう。　（1つ4点→32点）

① 4cm = 40 mm　② 20mm = 2 cm

③ 3cm5mm = 35 mm　④ 68mm = 6 cm 8 mm

⑤ 10cm7mm = 107 mm　⑥ 203mm = 20 cm 3 mm

⑦ 9cm6mm = 96 mm　⑧ 47mm = 4 cm 7 mm

5 計算《けいさん》を　しましょう。　（1つ5点→20点）

① 4cm 5mm + 3cm = 7 cm 5 mm

② 6cm 2mm + 2cm 6mm = 8 cm 8 mm

③ 10cm 3mm − 3cm 1mm = 7 cm 2 mm

④ 17cm 5mm − 8cm 3mm = 9 cm 2 mm

6 ひもの　長《なが》さを　はかったら、30cm と、あと　10cm5mm ありました。ひもの　長《なが》さは、何《なん》cm 何《なん》mm でしょうか。　（しき4点、答え4点→8点）

しき

30cm + 10cm 5mm = 40cm 5mm

答《こた》え

40 cm 5 mm

14 算数2年　　算数2年 15

5 たし算《ざん》の　ひっ算《さん》（1）

学習《がくしゅう》のアドバイス

1 **2** は、筆算《ひっさん》の計算《けいさん》に慣《な》れるための問題《もんだい》で、くり上《あ》がりはありません。同《おな》じ位同士《くらいどうし》をたし算《ざん》します。筆算《ひっさん》の式《しき》は、位《くらい》をそろえて書《か》きましょう。

3 **4** は、十《じゅう》の位《くらい》に 1 くり上《あ》がります。解答《かいとう》のようにくり上《あ》がった 1 を十《じゅう》の位《くらい》の上《うえ》に書《か》き、たし算《ざん》します。答《こた》えの確《たし》かめもしましょう。

6 ひき算《ざん》の　ひっ算《さん》（1）

学習《がくしゅう》のアドバイス

1 **2** は、筆算《ひっさん》の計算《けいさん》に慣《な》れるための問題《もんだい》で、くり下《さ》がりはありません。同《おな》じ位同士《くらいどうし》をひき算《ざん》します。筆算《ひっさん》の式《しき》は、位《くらい》をそろえて書《か》きましょう。

3 **4** は、一《いち》の位《くらい》の数《かず》はそのままでは引《ひ》けないので、十《じゅう》の位《くらい》の数《かず》を 1 減《へ》らし、解答《かいとう》のように一《いち》の位《くらい》の上《うえ》に、13 などと書《か》き、ひき算《ざん》します。

7 長《なが》さ

学習《がくしゅう》のアドバイス

1 の①、②は、線《せん》の端《はし》とものさしの端《はし》をぴったり合《あ》わせて測《はか》ってください。③は、2 本《ほん》の線《せん》の長《なが》さのたし算《ざん》です。**2** で直線《ちょくせん》を引《ひ》くときは、ものさしを指《ゆび》でしっかり押《お》さえましょう。**3** は、目盛《めも》りの読《よ》み取《と》りです。mmの読《よ》み取《と》りは、読《よ》みまちがいに気《き》をつけましょう。**4** は、1cm = 10mmを理解《りかい》していれば解《と》けますが、10cm 7mm、203mmのような、あいだに 0 がある長《なが》さの換算《かんさん》には気《き》をつけましょう。**5** **6** の長《なが》さの加減算《かげんざん》は、単位《たんい》をそろえて、筆算《ひっさん》にして計算《けいさん》するとミスを防《ふせ》げます。

算数《さんすう》

8 100より 大《おお》きい 数《かず》

月《がつ》 日《にち》

100や10の まとまりが いくつ あるかを かんがえよう。

とく点《てん》 点《てん》 シール

1 色紙《いろがみ》の 数《かず》を 数字《すうじ》で 書《か》きましょう。 1つ4点→8点

①

②

① ［432］ ② ［353］

2 つぎの 数《かず》を 数字《すうじ》で 書《か》きましょう。 1つ4点→12点

① 100を 6こ、10を 3こ、1を 7こ 合《あ》わせた 数《かず》 ➡ ［637］

② 100を 4こ、10を 8こ、1を 9こ 合《あ》わせた 数《かず》 ➡ ［489］

③ 100を 8こ、10を 4こ、1を 2こ 合《あ》わせた 数《かず》 ➡ ［842］

3 □に あてはまる 数《かず》を 書《か》きましょう。 1つ3点→18点

① 186は 100を ［1］こ、10を ［8］こ、1を ［6］こ 合《あ》わせた 数《かず》です。

② 743は 100を ［7］こ、10を ［4］こ、1を ［3］こ 合《あ》わせた 数《かず》です。

4 □に あてはまる 数《かず》を 書《か》きましょう。 1つ3点→18点

① 238 239 ［240］ 241 242 ［243］ 244 ［245］ 246

② 550 ［600］ 650 700 ［750］ 800 850 ［900］ 950

5 つぎの 文《ぶん》を しきに あらわしましょう。 1つ4点→32点

① 200と 80を 合《あ》わせた 数《かず》は、280です。

［200］+［80］= 280

② 589は、500と 80と 9を 合《あ》わせた 数《かず》です。

589 =［500］+［80］+［9］

③ 352は、300と 50と 2を 合《あ》わせた 数《かず》です。

352 =［300］+［50］+［2］

6 □に あてはまる >、<、=を 書《か》きましょう。 1つ3点→12点

① 150 ［>］ 80 + 60　② 700 ［=］ 750 − 50

③ 30 + 90 ［>］ 102　④ 150 − 60 ［<］ 100

算数《さんすう》

9 たし算《ざん》の ひっ算《さん》 (2)

月《がつ》 日《にち》

くり上《あ》がった 数《かず》は 小《ちい》さく 書《か》いて、わすれずに たそう。

とく点《てん》 点《てん》 シール

1 計算《けいさん》を しましょう。 1つ5点→30点

① $\begin{array}{r} 44 \\ +72 \\ \hline 116 \end{array}$　② $\begin{array}{r} 83 \\ +55 \\ \hline 138 \end{array}$　③ $\begin{array}{r} 71 \\ +78 \\ \hline 149 \end{array}$

④ $\begin{array}{r} 97 \\ +65 \\ \hline 162 \end{array}$　⑤ $\begin{array}{r} 68 \\ +86 \\ \hline 154 \end{array}$　⑥ $\begin{array}{r} 92 \\ +29 \\ \hline 121 \end{array}$

2 ひっ算《さん》で しましょう。 1つ5点→20点

① 95+32

	9	5
+	3	2
1	2	7

② 73+62

	7	3
+	6	2
1	3	5

③ 97+47

	9	7
+	4	7
1	4	4

④ 65+87

	6	5
+	8	7
1	5	2

3 計算《けいさん》を しましょう。 1つ5点→30点

① $\begin{array}{r} 87 \\ +18 \\ \hline 105 \end{array}$　② $\begin{array}{r} 39 \\ +69 \\ \hline 108 \end{array}$　③ $\begin{array}{r} 189 \\ +\ \ 7 \\ \hline 196 \end{array}$

④ $\begin{array}{r} 352 \\ +\ \ 9 \\ \hline 361 \end{array}$　⑤ $\begin{array}{r} 536 \\ +\ 44 \\ \hline 580 \end{array}$　⑥ $\begin{array}{r} 248 \\ +\ 26 \\ \hline 274 \end{array}$

4 ひっ算《さん》で しましょう。 1つ5点→20点

① 25+76

	2	5
+	7	6
1	0	1

② 49+58

	4	9
+	5	8
1	0	7

③ 485+7

	4	8	5
+			7
	4	9	2

④ 326+59

	3	2	6
+		5	9
	3	8	5

算数《さんすう》 10 月 日

ひき算《ざん》の ひっ算《さん》（2）

とく点《てん》　シール

1 計算《けいさん》を しましょう。 1つ5点→30点

① 135 − 92 = 43
② 145 − 83 = 62
③ 124 − 46 = 78（11 14）
④ 142 − 85 = 57（13 12）
⑤ 102 − 69 = 33（9 12）
⑥ 105 − 29 = 76（9 15）

2 ひっ算《さん》で しましょう。 1つ5点→20点

① 164−82 = 82
② 135−67 = 68（12 15）
③ 123−75 = 48（11 13）
④ 106−69 = 37（9 16）

3 計算《けいさん》を しましょう。 1つ5点→30点

① 104 − 97 = 7（9 14）
② 101 − 9 = 92（9 11）
③ 557 − 9 = 548（4 17）
④ 473 − 7 = 466（6 13）
⑤ 763 − 48 = 715（5 13）
⑥ 392 − 56 = 336（8 12）

4 ひっ算《さん》で しましょう。 1つ5点→20点

① 100−96 = 4（9 10）
② 645−7 = 638（3 15）
③ 281−43 = 238（7 11）
④ 932−28 = 904（2 12）

20 算数2年　　算数2年 21

学習《がくしゅう》のアドバイス

8 100より 大《おお》きい 数《かず》

1 は、絵《え》があるのでわかりやすいですが、2 3 は、量《りょう》が見《み》えにくい数《がず》なのでまちがえることがあります。1 のような絵《え》や数《かず》の図《ず》に表《あらわ》して考《かんが》えるとミスを防《ふせ》げます。4 は、数直線上《すうちょくせんじょう》の隣同士《となりどうし》の数《かず》から、1目《め》盛《も》りの単位《たんい》（大《おお》きさ）のきまりを見《み》つけましょう。5 は、位《くらい》の数《かず》で分《わ》けています。この分《わ》けた数《かず》を合《あ》わせると、元《もと》の大《おお》きさの数《かず》になります。

学習のアドバイス

9 たし算《ざん》の ひっ算《さん》（2）

1 ～ 4 は、くり上《あ》がりが１～２回《かい》あるひっ算《さん》の問題《もんだい》です。解答《かいとう》のように、一《いち》の位《くらい》でくり上《あ》がった１は十《じゅう》の位《くらい》の上《うえ》に書《か》き、たし算《ざん》します。十《じゅう》の位《くらい》のくり上《あ》がりは、直接解答欄《ちょくせつかいとうらん》に書《か》きましょう。

学習のアドバイス

10 ひき算《ざん》の ひっ算《さん》（2）

1 ～ 4 は、くり下《さ》がりが、１～２回《かい》ある３桁《けた》のひっ算《さん》の問題《もんだい》です。「6 ひき算《ざん》の ひっ算《さん》（1）」の計算《けいさん》と同《おな》じように、くり下《さ》がりを書《か》いてからひき算《ざん》をしましょう。百《ひゃく》の位《くらい》の1も消《け》しておきましょう。

算数《さんすう》 11

月《がつ》　日《にち》

水《みず》の　かさ

とく点《てん》　点《てん》　シール

1 □に　あてはまる　数《かず》を　書《か》きましょう。　1つ4点→24点

① 4L＝ 40 dL　② 1dL＝ 100 mL

③ 500mL＝ 5 dL　④ 1L＝ 1000 mL

⑤ 10dL＝ 1 L　⑥ 2000mL＝ 2 L

2 水《みず》の　かさは　何《なん》L何《なん》dLでしょうか。　1つ4点→16点

①
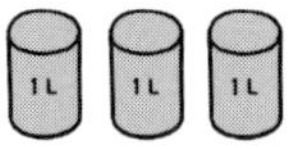

〔 3L 〕

②
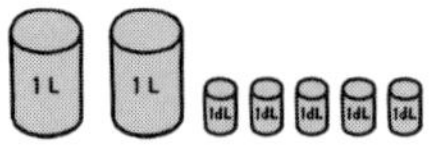

〔 2L 5dL 〕

③

〔 1L 8dL 〕

④

〔 1L 3dL 〕

3 □に　あてはまる　>か　<を　書《か》きましょう。　1つ2点→8点

① 2L [<] 25dL　② 1dL [>] 10mL

③ 1L [>] 900mL　④ 1000mL [<] 11dL

4 □に　あてはまる　数《かず》を　書《か》きましょう。　1つ4点→24点

① 4L 3dL＝ 43dL　② 28dL＝ 2L 8dL

③ 1500mL＝ 1L 5dL　④ 3L 2dL＝ 3200mL

⑤ 8dL＝ 800mL　⑥ 6dL 30mL＝ 630mL

5 計算《けいさん》を　しましょう。　1つ5点→20点

① 4L 2dL＋3L 6dL＝ 7L 8dL

② 7L 7dL－2L 5dL＝ 5L 2dL

③ 2L 8dL＋2L 7dL＝ 5L 5dL

④ 6L 3dL－4L 5dL＝ 1L 8dL

6 水《みず》が　水《すい》とうに　8dL、ペットボトルに　2L 5dL、入《はい》って
います。合《あ》わせて　何《なん》L何《なん》dLでしょうか。　しき4点、答え4点→8点

しき　8dL＋2L 5dL＝3L 3dL

答《こた》え　3L 3dL

算数《さんすう》 12

月《がつ》　日《にち》

まとめ

とく点《てん》　点《てん》　シール

1 計算《けいさん》を　しましょう。　1つ5点→15点

① 5cm 4mm＋3cm 3mm＝ 8cm 7mm

② 6cm 2mm＋4cm 6mm＝ 10cm 8mm

③ 20cm 8mm－7cm 5mm＝ 13cm 3mm

2 □に　あてはまる　>、<、＝を　書《か》きましょう。　1つ5点→20点

① 410＋15 [>] 420　② 346 [<] 364－14

③ 200+100 [＝] 360−60　④ 169+11 [>] 195−25

3 水《みず》が　ポットに　1L5dL、コップに　8dL　入《はい》って　います。

① 水《みず》は　合《あ》わせて　何《なん》L何《なん》dLでしょうか。　しき5点、答え5点→20点

しき　1L 5dL＋8dL＝2L 3dL　　答《こた》え〔 2L 3dL 〕

② ポットの　水《みず》を、5L　入《はい》る　バケツに　入《い》れました。
バケツには　水《みず》が　あと　何《なん》L何《なん》dL　入《はい》るでしょうか。

しき　5L－1L 5dL＝3L 5dL　　答《こた》え〔 3L 5dL 〕

4 まゆさんは、午前《ごぜん》6時《じ》に　おきて、午後《ごご》10時《じ》に　ねました。
おきて　いた　時間《じかん》は　何時間《なんじかん》でしょう。　10点

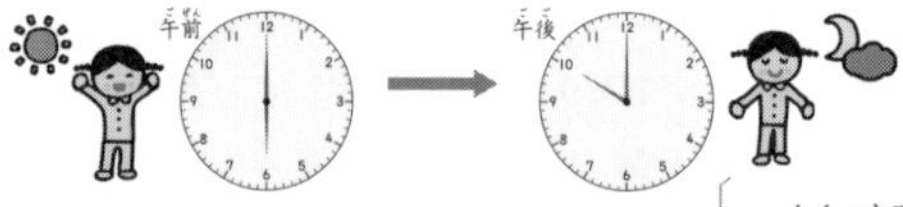

〔 16時間 〕

5 2年生《ねんせい》は　2クラス　あります。1組《くみ》が　35人《にん》、2組《くみ》が
37人《にん》です。2年生《ねんせい》は　みんなで　何人《なんにん》ですか。　しき5点、答え5点→10点

しき　35＋37＝72　　答《こた》え〔 72人 〕

6 192ページの　本《ほん》を　80ページまで　よみました。
あと　何《なん》ページ　のこって　いますか。　しき5点、答え5点→10点

しき　192－80＝112　　答《こた》え〔 112ページ 〕

7 赤《あか》い　花《はな》と　白《しろ》い　花《はな》が、合《あ》わせて　123本《ぼん》　さきました。
そのうち　赤《あか》い　花《はな》は、55本《ほん》でした。白《しろ》い　花《はな》は　赤《あか》い
花《はな》より　何本《なんぼん》　多《おお》く　さいたでしょう。　しき10点、答え5点→15点

しき
123－55＝68
68－55＝13

答《こた》え〔 13本 〕

13 国語《こくご》 音《おと》や ようすを あらわす ことば

月《がつ》　日《にち》

とく点《てん》　点《てん》　シール

1 つぎの [　] から えらんで 文《ぶん》に あてはまる ことばを 書《か》きましょう。（1つ4点→20点）

① ひよこが ［ピヨピヨ］ と なく。

② コップが ［ガチャン］ と われる。

③ ドアが ［バタン］ と しまる。

④ かみなりが ［ゴロゴロ］ と なる。

⑤ かえるが ［ケロケロ］ と なく。

ゴロゴロ　ガチャン　バタン
ケロケロ　ピヨピヨ

2 つぎの [　] から えらんで 文《ぶん》に あてはまる ことばを 書《か》きましょう。（1つ4点→20点）

① 頭《あたま》が ［ずきずき］ と いたむ。

② 雨《あめ》で ［びしょびしょ］ に ぬれる。

③ のどが ［からから］ に かわく。

④ ［ほかほか］ の たきたて ごはん。

⑤ ［こつこつ］ と しゅくだいを する。

からから　こつこつ　ずきずき
ほかほか　びしょびしょ

3 上《うえ》の 文《ぶん》の ようすを あらわす ことばを 線《せん》で むすびましょう。（1つ6点→30点）

① 北風《きたかぜ》が 強《つよ》く ふく。 ― ビュービュー

② 太《たい》ようが はげしく てりつける。 ― ぎらぎら

③ 兄《あに》が 大声《おおごえ》で わらう。 ― げらげら

④ 赤《あか》ちゃんが 気《き》もちよく ねむって いる。 ― すやすや

⑤ 道《みち》に まよって あちこち 歩《ある》き回《まわ》る。 ― うろうろ

げらげら　ビュービュー　ぎらぎら　うろうろ　すやすや

4 つぎの ｛　｝ から えらんで 文《ぶん》に あてはまる ことばを ○を つけましょう。（1つ5点→30点）

① かぜが なおって ｛つるつる・**ぴんぴん**｝ して いる。

② 金魚《きんぎょ》が ｛**すいすい**・ごろごろ｝ およぐ。

③ 子《こ》どもが ｛**すくすく**・ずるずる｝ そだつ。

④ ｛**ふかふか**・ぬるぬる｝ の パンケーキが やけた。

⑤ 入道雲《にゅうどうぐも》が ｛ぶかぶか・**もくもく**｝ と わきあがる。

⑥ どんぐりが ｛だぶだぶ・**ころころ**｝ ころがる。

学習《がくしゅう》の アドバイス

11 水《みず》の　かさ

1・**4** はかさの単位《たんい》の換算問題《かんさんもんだい》で、1L = 10dL、1L = 1000mL、1dL = 100mL を理解《りかい》していれば解《と》けます。
2 は、同《おな》じ単位《たんい》がいくつあるかを調《しら》べます。
3 のかさの大小比《だいしょうくら》べは、かさの単位《たんい》と数値《すうち》の大《おお》きさの二《ふた》つで決《き》めます。**5**・**6** のかさの加減算《かげんざん》は、単位《たんい》をそろえて筆算《ひっさん》にして計算《けいさん》するとミスを防《ふせ》げます。

学習《がくしゅう》の アドバイス

12 まとめ

1 や **3** のような長《なが》さやかさの加減算《かげんざん》は、単位《たんい》の大《おお》きさをそろえて計算《けいさん》します。**2** は、筆算《ひっさん》で計算《けいさん》するとミスを防《ふせ》げます。**4** は、時計《とけい》の絵《え》を使《つか》って考《かんが》えましょう。
5～**7** の文章題《ぶんしょうだい》は、問題文《もんだいぶん》の場面《ばめん》を絵《え》や線分図《せんぶんず》に表《あらわ》して考《かんが》えると、式《しき》が立《た》てやすくなります。

学習《がくしゅう》の アドバイス

13 音《おと》や　ようすを　あらわす　ことば

ようすを表《あらわ》す言葉《ことば》はいろいろありますが、なかでも日《に》本語《ほんご》ではオノマトペ（擬音語《ぎおんご》と擬態語《ぎたいご》の総称《そうしょう》）の種類《しゅるい》が豊富《ほうふ》です。「雨《あめ》が降《ふ》る。」という文《ぶん》に、「しとしと」「ざんざん」「ザーザー」などを加《くわ》えると、雨《あめ》の降《ふ》るようすが具体的《ぐたいてき》にイメージできます。いろいろな擬音語《ぎおんご》や擬態語《ぎたいご》を身《み》につけ、表現《ひょうげん》の幅《はば》を広《ひろ》げていきましょう。

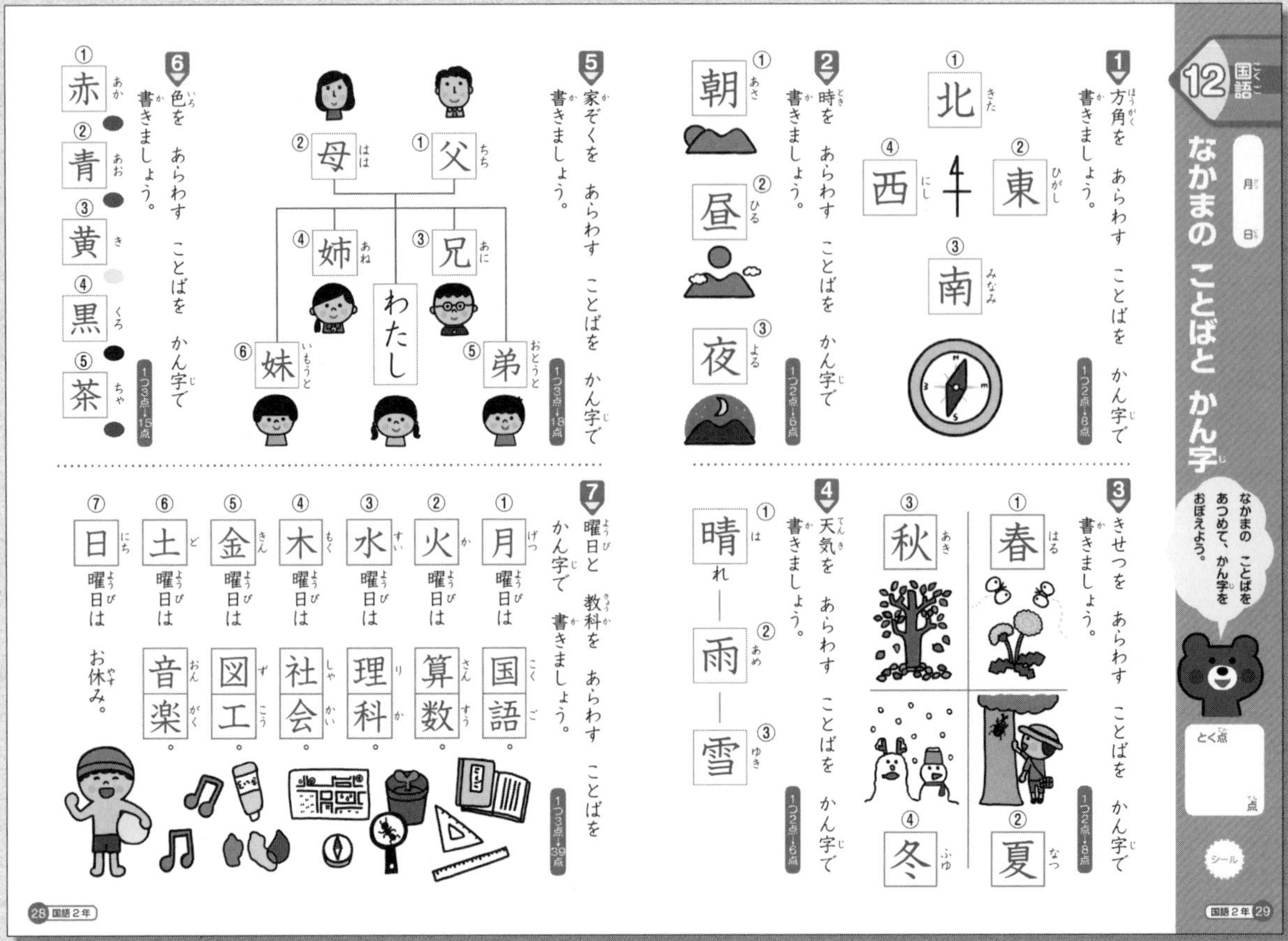

12 国語《こくご》

なかまの ことばと かん字《じ》

月《がつ》 日《にち》

なかまの ことばを あつめて、かん字《じ》を おぼえよう。

とく点《てん》 点《てん》

シール

1 方角《ほうがく》を あらわす ことばを かん字《じ》で 書《か》きましょう。 1つ2点《てん》→8点《てん》

①北《きた》 ②東《ひがし》 ③南《みなみ》 ④西《にし》

2 時《とき》を あらわす ことばを かん字《じ》で 書《か》きましょう。 1つ2点《てん》→6点《てん》

①朝《あさ》 ②昼《ひる》 ③夜《よる》

3 きせつを あらわす ことばを かん字《じ》で 書《か》きましょう。 1つ2点《てん》→8点《てん》

①春《はる》 ②夏《なつ》 ③秋《あき》 ④冬《ふゆ》

4 天気《てんき》を あらわす ことばを かん字《じ》で 書《か》きましょう。 1つ2点《てん》→6点《てん》

①晴《は》れ ②雨《あめ》 ③雪《ゆき》

国語2年 29

5 家《か》ぞくを あらわす ことばを かん字《じ》で 書《か》きましょう。 1つ3点《てん》→18点《てん》

①父《ちち》 ②母《はは》 ③兄《あに》 ④姉《あね》 わたし ⑤弟《おとうと》 ⑥妹《いもうと》

6 色《いろ》を あらわす ことばを かん字《じ》で 書《か》きましょう。 1つ3点《てん》→15点《てん》

①赤《あか》 ②青《あお》 ③黄《き》 ④黒《くろ》 ⑤茶《ちゃ》

7 曜日《ようび》と 教科《きょうか》を あらわす ことばを かん字《じ》で 書《か》きましょう。 1つ3点《てん》→39点《てん》

①月《げつ》曜日《ようび》は 国《こく》語《ご》。

②火《か》曜日《ようび》は 算《さん》数《すう》。

③水《すい》曜日《ようび》は 理《り》科《か》。

④木《もく》曜日《ようび》は 社《しゃ》会《かい》。

⑤金《きん》曜日《ようび》は 図《ず》工《こう》。

⑥土《ど》曜日《ようび》は 音《おん》楽《がく》。

⑦日《にち》曜日《ようび》は お休《やす》み。

28 国語2年

学習《がくしゅう》のアドバイス

10 ものがたりの読《よ》みとり

物語《ものがたり》を読《よ》むときは、「だれが、どうした」をきちんととらえて、あらすじを読《よ》み取《と》る力《ちから》が大切《たいせつ》です。まずは、じっくりとお話《はなし》を読《よ》んでみましょう。つぎに問題文《もんだいぶん》を読《よ》んで、文《ぶん》のどこに書《か》いてあるかを探《さが》します。場面《ばめん》の様子《ようす》をかいた挿絵《さしえ》や人物《じんぶつ》の会話《かいわ》なども手《て》がかりにして考《かんが》えましょう。

学習《がくしゅう》のアドバイス

11 かん字《じ》の 読《よ》み方《かた》

2年生《ねんせい》になると、漢字《かんじ》には音読《おんよ》みと訓読《くんよ》みがあることを学《まな》びます。何通《なんとお》りもの読《よ》み方《かた》がある漢字《かんじ》は、文《ぶん》の中《なか》での使《つか》われ方《かた》を考《かんが》えて、読《よ》み分《わ》けられるようにしましょう。また、日付《ひづけ》などには、一日《ついたち》、二十日《はつか》など、特別《とくべつ》な読《よ》み方《かた》をするものもあります。日常生活《にちじょうせいかつ》のなかでくり返《かえ》し使《つか》うことで、自然《しぜん》と身《み》につけるようにしましょう。

学習《がくしゅう》のアドバイス

12 なかまの ことばと かん字《じ》

仲間《なかま》の言葉《ことば》を集《あつ》めて、関連《かんれん》づけて漢字《かんじ》を覚《おぼ》えるのも効果的《こうかてき》です。ここでは、方角《ほうがく》、時《とき》、季節《きせつ》、天気《てんき》、家族《かぞく》、色《いろ》、曜日《ようび》、教科《きょうか》を表《あらわ》す漢字《かんじ》を集《あつ》めて問題《もんだい》にしました。

10 こくご ものがたりの 読《よ》みとり

月《がつ》　日《にち》

里《さと》の 春《はる》の ようすを そうぞうして 読《よ》もう。

とく点《てん》　点《てん》

シール

1 つぎの お話《はなし》を 読《よ》んで、もんだいに 答《こた》えましょう。

「ぼおん。」

ぼうやの シカは、ぴんと 耳《みみ》を 立《た》てて 聞《き》いて いました。やがて、その 音《おと》に さそわれて、どんどん 山《やま》を 下《お》りて ゆきました。

山《やま》の 下《した》には 野《の》原《はら》が 広《ひろ》がって いました。野《の》原《はら》には さくらの 花《はな》が さいて いて、よい かおりが して いました。

一本《いっぽん》の さくらの 木《き》の *ねかたに、やさしい おじいさんが いました。

子《こ》ジカを 見《み》ると おじいさんは、さくらを ひとえだ おって、その 小《ち》さい 角《つの》に むすびつけて やりました。

「さあ、かんざしを あげたから、日《ひ》の くれない うちに 山《やま》へ お帰《かえ》り。」

子《こ》ジカは よろこんで 山《やま》に 帰《かえ》りました。

ぼうやの シカから 話《はなし》を 聞《き》くと、お父《とう》さんジカと お母《かあ》さんジカは、口《くち》を そろえて、

「ぼおんと いう 音《おと》は お寺《てら》の かねだよ。」

「おまえの 角《つの》に ついて いるのが ①花《はな》だよ。」

「その 花《はな》が いっぱい さいて いて、気《き》もちの よい においの して いた ところが、春《はる》だったのさ。」

と 教《おし》えて やりました。

*ねかた……ねもと。

「里の春、山の春」（新美南吉）

① ——の「ぼおん」と いう 音《おと》は、何《なん》の 音《おと》でしたか。 20点

〔（お寺の）かね〕の 音《おと》。

② 子《こ》ジカは どうして 山《やま》を 下《お》りて いったのでしょう。㋐〜㋒から えらんで、（ ）に ○を つけましょう。 20点

㋐（ ）おじいさんに 会《あ》いたかったから。

㋑（ ）さくらの 花《はな》を 見《み》たかったから。

㋒（○）「ぼおん」と いう 音《おと》が 聞《き》こえたから。

③ おじいさんは さくらの えだを 子《こ》ジカの どこに むすびつけましたか。 20点

〔（小さい）角〕

④ ①——の「花《はな》」とは、何《なん》の 花《はな》ですか。 20点

〔さくら〕の 花《はな》。

⑤「その花《はな》が いっぱい さいて いて、気《き》もちの よい においの して いた ところ」とは、どこの ことですか。㋐〜㋒から えらんで （ ）に ○を つけましょう。 20点

㋐（ ）山《やま》　㋑（○）野《の》原《はら》　㋒（ ）町《まち》

11 国語《こくご》 かん字《じ》の 読《よ》み方《かた》

月《がつ》　日《にち》

日《ひ》づけなど、とくべつな 読《よ》み方《かた》を する かん字《じ》は、そのまま おぼえて しまおう。

とく点《てん》　点《てん》

シール

1 ——の かん字《じ》の 読《よ》みがなを 書《か》きましょう。 1つ2点・20点

① 電話〔でんわ〕で 話〔はな〕す。

② りょ行〔こう〕に 行〔い〕く。

③ 少年〔しょうねん〕が ほんの 少〔すこ〕し わらった。

④ 音楽〔おんがく〕を みんなで 楽〔たの〕しむ。

⑤ 半分〔はんぶん〕に 分〔わ〕ける。

2 ——の かん字《じ》の 読《よ》みがなを 書《か》きましょう。 1つ3点・30点

① お父〔とう〕さん　② お母〔かあ〕さん

③ お兄〔にい〕さん　④ お姉〔ねえ〕さん

⑤ 一人〔ひとり〕　⑥ 二人〔ふたり〕

⑦ 今日〔きょう（こんにち）〕　⑧ 今朝〔けさ〕

⑨ 今年〔ことし〕　⑩ 大人〔おとな〕

3 ——の 日《ひ》づけの 読《よ》みがなを 書《か》きましょう。 1つ2点・22点

① 一月《いちがつ》一日〔ついたち〕　② 二月《にがつ》二日〔ふつか〕

③ 三月《さんがつ》三日〔みっか〕　④ 四月《しがつ》四日〔よっか〕

⑤ 五月《ごがつ》五日〔いつか〕　⑥ 六月《ろくがつ》六日〔むいか〕

⑦ 七月《しちがつ》七日〔なのか〕　⑧ 八月《はちがつ》八日〔ようか〕

⑨ 九月《くがつ》九日〔ここのか〕　⑩ 十月《じゅうがつ》十日〔とおか〕

⑪ 十二月《じゅうにがつ》二十日〔はつか〕

4 ——の かん字《じ》の 読《よ》みがなを 書《か》きましょう。 1つ2点・28点

① 人間〔にんげん〕　時間〔じかん〕　間〔あいだ〕に 入《はい》る

② 親切〔しんせつ〕　親〔した〕しい　親子〔おやこ〕

③ 図書〔としょ〕かん　書〔か〕く

④ 朝食〔ちょうしょく〕　朝〔あさ〕ごはん

⑤ 今週〔こんしゅう〕　今〔いま〕すぐ

⑥ 読書〔どくしょ〕　読〔よ〕む

はんたいの いみ、にた いみの ことば

月《がつ》　日《にち》

とく点　点《てん》

シール

1 つぎの ――の ことばと はんたいの いみの ことばを、［　］から えらんで 書《か》きましょう。（1つ1点・5点）

① 新《あたら》しい ふく。〔古い〕
② 明《あか》るい 道《みち》。〔くらい〕
③ 手《て》を 上《あ》げる。〔下げる〕
④ 力《ちから》が 強《つよ》い。〔弱い〕
⑤ 学校《がっこう》まで 近《ちか》い。〔遠い〕

［弱《よわ》い　くらい　古《ふる》い　下《さ》げる　遠《とお》い］

2 つぎの ――の ことばと にた いみの ことばを、［　］から えらんで 書《か》きましょう。（1つ1点・5点）

① うつくしい けしき。〔きれいな〕
② 朝《あさ》、目《め》が さめる。〔おきる〕
③ 友《とも》だちに 話《はな》す。〔しゃべる〕
④ こわい 思《おも》いを した。〔おそろしい〕
⑤ 犬《いぬ》が 走《はし》る。〔かける〕

［おそろしい　きれいな　かける　しゃべる　おきる］

3 はんたいの いみの ことばに なるように □に かん字《じ》を 書《か》きましょう。（1つ4点・48点）

① 右手《みぎて》 ⇕ 左《ひだり》手《て》
② 売《う》る ⇕ 買《か》う
③ 強気《つよき》 ⇕ 弱《よわ》気《き》
④ 地上《ちじょう》 ⇕ 地《ち》下《か》
⑤ 太《ふと》い ⇕ 細《ほそ》い
⑥ 午前《ごぜん》 ⇕ 午《ご》後《ご》
⑦ 夏《なつ》 ⇕ 冬《ふゆ》
⑧ 少数《しょうすう》 ⇕ 多《た》数《すう》
⑨ 市内《しない》 ⇕ 市《し》外《がい》
⑩ 小声《こごえ》 ⇕ 大《おお》声《ごえ》
⑪ 入《い》り口《ぐち》 ⇕ 出《で》口《ぐち》
⑫ 男《おとこ》 ⇕ 女《おんな》

4 つぎの ことばを、同《おな》じ いみに なるように 二《ふた》つの かん字《じ》で 書《か》きましょう。（1つ6点・42点）

① 新《あたら》しい 年《とし》 → 新《しん》年《ねん》
② 休《やす》みの 日《ひ》 → 休《きゅう》日《じつ》
③ 朝《あさ》ごはん → 朝《ちょう》食《しょく》
④ 海《うみ》の 水《みず》 → 海《かい》水《すい》
⑤ 強《つよ》い 力《ちから》 → 強《きょう》力《りょく》
⑥ 白《しろ》い 線《せん》 → 白《はく》線《せん》
⑦ 青《あお》い 空《そら》 → 青《あお》空《ぞら》

学習《がくしゅう》のアドバイス

7 せつめい文《ぶん》の 読《よ》みとり

説明文《せつめいぶん》は、何《なん》についてどのように説明《せつめい》されているか、読《よ》み取《と》ることが大切《たいせつ》です。まず、じっくりと文章《ぶんしょう》を読《よ》んでみましょう。次《つぎ》に問題文《もんだいぶん》を読《よ》んで、問《と》いかけにある大事《だいじ》な言葉《ことば》が書《か》かれている文《ぶん》を探《さが》しましょう。大事《だいじ》な言葉《ことば》に印《しるし》を付《つ》けながら読《よ》むと、確認《かくにん》しやすくなります。

学習《がくしゅう》のアドバイス

8 丸《まる》（。）・点《てん》（、）・かぎ（「」）

句点《くてん》（。）と読点《とうてん》（、）かぎ（「」）は、文《ぶん》を読《よ》みやすくするためにあります。句点《くてん》は文《ぶん》の終《お》わりに、かぎは話《はな》し言葉《ことば》につけます。読点《とうてん》は、主語《しゅご》の後《あと》や副詞《ふくし》・接続詞《せつぞくし》の後《あと》、文《ぶん》の切《き》れ目《め》などにつけます。いろいろな文《ぶん》を読《よ》んだり書《か》いたりして、ルールをしっかりと身《み》につけましょう。

学習《がくしゅう》のアドバイス

9 はんたいの いみ、にた いみの ことば

対義語《たいぎご》と同義語《どうぎご》の問題《もんだい》です。言葉《ことば》を覚《おぼ》えるときに、反《はん》対《たい》の意味《いみ》の言葉《ことば》を合《あ》わせて考《かんが》えたり、意味《いみ》の似《に》たほかの言葉《ことば》に置《お》き換《か》えたりすることで、語彙力《ごいりょく》がアップします。2年生《ねんせい》になると、学習《がくしゅう》した漢字《かんじ》で熟語《じゅくご》を作《つく》ることもできます。言葉《ことば》の幅《はば》をどんどん広《ひろ》げましょう。

国語《こくご》 7

せつめい文《ぶん》の 読《よ》みとり

月《がつ》　日《にち》

とく点《てん》　点《てん》

シール

1 つぎの 文《ぶん》しょうを 読《よ》んで、もんだいに 答《こた》えましょう。

カタツムリと ナメクジは、とても 近《ちか》い しんせきで、どちらも 貝《かい》の なかまです。からが 二《に》まいの アサリや シジミは、「二《に》まい貝《がい》」と いい、からが ぐるぐると まいて いる 貝《かい》は、「まき貝《がい》」と いいます。まき貝《がい》の なかまには、りく地《ち》に すんで いる ものも います。りく地《ち》に いる まき貝《がい》が、カタツムリです。

カタツムリの なかには、からが なく なって しまった ものが います。それが ナメクジです。

ナメクジに しおを かけると、とけて しまうと いわれますが、本当《ほんとう》は とけて いる わけでは ありません。

ナメクジには、わたしたちのような しっかりと した ひふは ありません。しおには、水分《すいぶん》を すいとる はたらきが あるので、ナメクジに しおを かけると、どんどん 体《からだ》の 水分《すいぶん》が すいとられて、小《ちい》さく ちぢんで しんで しまうのです。

カタツムリに しおを かけても、同《おな》じように ちぢんで しまいます。

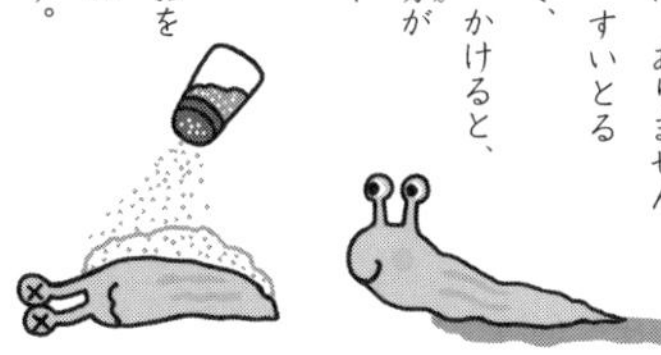

① カタツムリと ナメクジは なんの なかまですか。　15点

（貝（まき貝））の なかま。

② つぎの 貝《かい》は なんと いいますか。文《ぶん》しょうから あてはまる ことばを 書《か》き出《だ》しましょう。　1つ14点→28点

からが 二《に》まいの アサリや シジミは「二まい貝」と いい、

からが ぐるぐると まいて いる 貝《かい》は、「まき貝」と いいます。

③ りく地《ち》に いる、からが ない まき貝《がい》は なんですか。　15点

（ナメクジ）

④ しおには どんな はたらきが ありますか。□に あてはまる ことばを 書《か》きましょう。　1つ14点→28点

しおには、水分 を すいとる はたらきが ある。

⑤ ナメクジに しおを かけると どう なりますか。正《ただ》しい ほうの（　）に ○を つけましょう。　14点

㋐（　）体《からだ》が とけて しまう。

㋑（○）体《からだ》が ちぢんで しまう。

国語《こくご》 8

丸《まる》（。）・点《てん》（、）・かぎ（「」）

月《がつ》　日《にち》

とく点《てん》　点《てん》

シール

1 つぎの □に、丸《まる》（。）か 点《てん》（、）を 書《か》きましょう。　1つ3点→12点

① きのう［、］プールに 行《い》きました［。］

② 妹《いもうと》が［、］絵《え》を かいて いる［。］

2 つぎの 文《ぶん》に かぎ（「」）を 二組《ふたくみ》 書《か》きましょう。　かぎ（「」）一組3点→6点

ともやくんが、「けしゴムを かして。」と 言《い》いました。ぼくは、「はい、どうぞ。」と 言《い》って、かして あげました。

3 絵《え》の いみに なるように、文《ぶん》に 点《てん》（、）を 書《か》きましょう。　1つ4点→16点

①

みせで、はきものをかう。

②

みせでは、きものをかう。

③

うらに、はたけがある。

④

うらには、たけがある。

4 つぎの 文《ぶん》に、点《てん》（、）を 一《ひと》つずつ 書《か》きましょう。　1つ3点→6点

① とても あついので、エアコンを つけました。

② 九月《くがつ》に なったら、学校《がっこう》が はじまります。

5 つぎの 文《ぶん》に、かぎ（「」）を 一組《ひとくみ》ずつ 書《か》きましょう。　かぎ（「」）一組4点→8点

① 先生《せんせい》が 教室《きょうしつ》に 入《はい》ると、「テストを します。」と 言《い》いました。

② 男《おとこ》の子《こ》が ないて いたので、「どうしたの。」と 声《こえ》を かけました。

6 つぎの □に、点《てん》（、）か 丸《まる》（。）か かぎ（「　」）を 書《か》きましょう。　1つ4点→52点

① ぼくは［、］げん気《き》よく［「］いってきます。［」］と 言《い》って［、］学校《がっこう》に 行《い》きました。

② ［「］もう いいかい。［」］［「］もう いいよ。［」］ぼくは［、］つくえの 下《した》に かくれて いる ともやくんを 見《み》つけて［、］［「］見《み》いつけた。［」］と 言《い》いました［。］

5 国語《こくご》 同《おな》じ ぶぶんを もつ かん字《じ》

月《がつ》　日《にち》

とく点《てん》　点《てん》

シール

1 同《おな》じ ぶぶんを もつ かん字《じ》を 書《か》きましょう。 1つ4点→48点

① 休《やす》む ／ 体《からだ》

② 白《しろ》い 花《はな》。 ／ 百《ひゃく》円玉《えんだま》

③ 雪《ゆき》国《ぐに》 ／ 雨《あま》雲《ぐも》

④ 公《こう》園《えん》 ／ 地《ち》図《ず》

⑤ 読《よ》む ／ 話《はな》す

⑥ 学《がっ》校《こう》 ／ 文《も》字《じ》

2 同《おな》じ ぶぶんを もつ かん字《じ》を 書《か》きましょう。 1つ4点→52点

① 鳥《とり》の 鳴《な》き声《ごえ》。

② 毎《まい》日《にち》、母《はは》に おこられる。

③ 細《ほそ》い 線《せん》を 引《ひ》く。

④ 近《ちか》くの 道《みち》を 車《くるま》が 通《とお》る。

⑤ 汽《き》車《しゃ》に のって 海《うみ》に 行《い》く。

⑥ 手《て》紙《がみ》に 絵《え》を かく。

国語2年 41

6 国語《こくご》 かん字《じ》の おくりがな

月《がつ》　日《にち》

1 つぎの ことばで、おくりがなが 正《ただ》しい ほうの （ ）に ○を つけましょう。 1つ12点→48点

① かんがえる　㋐（ ）考る　㋑（○）考える

② あたらしい　㋐（○）新しい　㋑（ ）新らしい

③ おこなう　㋐（○）行う　㋑（ ）行なう

④ あたる　㋐（ ）当る　㋑（○）当たる

とく点《てん》　点《てん》

シール

2 つぎの ことばを かん字《じ》と おくりがなで 書《か》きましょう。 1つ13点→52点

① 数《かず》を（数える《かぞえる》）。

② 算数《さんすう》を（教える《おしえる》）。

③ えいがを（楽しむ《たのしむ》）。

④ 風車《ふうしゃ》が（回る《まわる》）。

40 国語2年

学習《がくしゅう》の アドバイス

2 かん字《じ》の 書《か》きじゅん

漢字《かんじ》の書《か》き順《じゅん》は、初《はじ》めて学習《がくしゅう》するとき、正《ただ》しく覚《おぼ》えることが大切《たいせつ》です。ここでしっかりとおさらいをしましょう。

3 かん字《じ》の 組《く》み立《た》て

漢字《かんじ》には、二《ふた》つ以上《いじょう》の漢字《かんじ》を組《く》み合《あ》わせてできているものがあります。ここでは今《いま》までに習《なら》った漢字《かんじ》をパズルのように組《く》み合《あ》わせて、新《あたら》しく習《なら》う漢字《かんじ》を楽《たの》しく学《まな》びます。

学習《がくしゅう》の アドバイス

4 かたかなで 書《か》く ことば (2)

かたかなの濁音《だくおん》（゛）、半濁音《はんだくおん》（゜）、促音《そくおん》（「ッ」で表記《ひょうき》される音《おん》）、拗音《ようおん》（「ャ」、「ュ」、「ョ」で表記《ひょうき》される音《おん》）、長音《ちょうおん》（母音《ぼいん》をのばす音《おん》、「ー」で表記《ひょうき》される）を織《お》り交《ま》ぜた、いろいろな言葉《ことば》を書《か》く練習《れんしゅう》です。またかたかなで書《か》く言葉《ことば》の種類《しゅるい》（外来語《がいらいご》、擬音語《ぎおんご》、外国《がいこく》の地名《ちめい》や名前《なまえ》など）を再確認《さいかくにん》しましょう。

学習《がくしゅう》の アドバイス

5 同《おな》じ ぶぶんを もつ かん字《じ》

同《おな》じ部分《ぶぶん》（部首《ぶしゅ》）をもつ漢字《かんじ》は、書《か》きまちがえやすいので、しっかりと覚《おぼ》えておきましょう。

6 かん字《じ》の おくりがな

日本語《にほんご》は、漢字《かんじ》とひらがなを混用《こんよう》した文《ぶん》がほとんどです。送《おく》りがなのある漢字《かんじ》は、正《ただ》しく送《おく》りがなが書《か》けるようにしましょう。

2 国語《こくご》 かん字《じ》の　書《か》きじゅん

月《がつ》　日《にち》

とく点《てん》　点《てん》

シール

1 つぎの　かん字《じ》の　赤《あか》い　ぶぶんは、何画目《なんかくめ》に　書《か》きますか。数字《すうじ》で　答《こた》えましょう。　1つ5点→60点

① 土（2 画目《かくめ》）　② 上（1 画目《かくめ》）
③ 王（2 画目《かくめ》）　④ 年（5 画目《かくめ》）
⑤ 海（9 画目《かくめ》）　⑥ 長（1 画目《かくめ》）
⑦ 何（7 画目《かくめ》）　⑧ 番（10 画目《かくめ》）
⑨ 馬（1 画目《かくめ》）　⑩ 船（6 画目《かくめ》）
⑪ 図（7 画目《かくめ》）　⑫ 丸（1 画目《かくめ》）

2 つぎの　書《か》きじゅんで、正《ただ》しい　ほうの（　）に　○を　つけましょう。　1つ10点→40点

① 右　㋐（　）　㋑（○）
② 左　㋐（○）　㋑（　）
③ 母　㋐（　）　㋑（○）
④ 方　㋐（○）　㋑（　）

3 国語《こくご》 かん字《じ》の　組《く》み立《た》て

月《がつ》　日《にち》

とく点《てん》　点《てん》

シール

1 つぎの　かん字《じ》を　組《く》み合《あ》わせると、どんな　かん字《じ》に　なりますか。□に　かん字《じ》を　書《か》きましょう。　1つ8点→40点

① 山＋石→岩
② 日＋生→星
③ 日＋月→明
④ 女＋市→姉
⑤ 田＋力→男

2 つぎの　かん字《じ》を　組《く》み合《あ》わせると、どんな　かん字《じ》に　なりますか。□に　かん字《じ》を　書《か》きましょう。　1つ10点→60点

① 糸　田→細
② 日　青→晴
③ 門　耳→聞
④ 王　里→理
⑤ 日　寺→時
⑥ 田　心→思

4 国語《こくご》 かたかなで　書《か》く　ことば(2)

月《がつ》　日《にち》

とく点《てん》　点《てん》

シール

1 つぎの　ことばを　かたかなに　直《なお》して　書《か》きましょう。　1つ3点→15点

① ふらいどぽてと（フライドポテト）
② へりこぷたあ（ヘリコプター）
③ あすぱらがす（アスパラガス）
④ かすたねっと（カスタネット）
⑤ くりすます（クリスマス）

2 下《した》の　絵《え》を　見て、正《ただ》しい　かたかなに　直《なお》して　書《か》きましょう。　1つ3点→15点

① ユーグルト（ヨーグルト）
② フンドセル（ランドセル）
③ ヌカート（スカート）
④ ンフトクリーム（ソフトクリーム）
⑤ ルンバーグ（ハンバーグ）

3 [　]の　ことばを　①～③に　分《わ》けて、かたかなに　直《なお》して　書《か》きましょう。　1つ5点→30点

① 外国《がいこく》から　来《き》た　ことば
（ロボット）（ピアノ）
② どうぶつの　鳴《な》き声《ごえ》や　ものの　音《おと》
（ケロケロ）（ガチャン）
③ 外国《がいこく》の　国《くに》や　土地《とち》、人《ひと》の　名前《なまえ》
（フランス）（エジソン）

[ふらんす　ろぼっと　けろけろ
えじそん　ぴあの　がちゃん]

4 つぎの　文《ぶん》の　中《なか》で、かたかなで　書《か》いた　ほうが　よい　ことばを　二《ふた》つ　見《み》つけて、かたかなで　書《か》きましょう。　1つ5点→40点

① れすとらんで　おむれつを　食《た》べる。
（レストラン）（オムレツ）
② ぱとかあが　さいれんを　ならす。
（パトカー）（サイレン）
③ さっかあで　ごうるを　きめる。
（サッカー）（ゴール）
④ あんでるせんは　でんまあくの　作家《さっか》です。
（アンデルセン）（デンマーク）

別冊《べっさつ》

★取《と》り外《はず》して使《つか》えます。

夏休《なつやす》みドリル 国語《こくご》 解答《かいとう》とアドバイス

小学《しょうがく》2年《ねん》

おうちのかたへ

ドリルが終《お》わったら答《こた》え合《あ》わせをして、点数《てんすう》をつけましょう。もし、わからなかった問題《もんだい》やまちがえた問題《もんだい》があったら、「学習《がくしゅう》のアドバイス」を読《よ》んで、お子《こ》さんに説明《せつめい》しながら、もう一度《いちど》やりましょう。そうして勉強《べんきょう》していけば、必《かなら》ず力《ちから》がつきます。

学習《がくしゅう》のアドバイス

1 かたかなで 書《か》く ことば (1)

かたかなの練習《れんしゅう》です。正《ただ》しい書《か》き順《じゅん》で書けるか、「シ」と「ツ」、「ソ」と「ン」など、似《に》た文字《もじ》もまちがえずに書《か》けるか、再確認《さいかくにん》しましょう。

国語《こくご》 1 かたかなで 書《か》く ことば (1)

月《がつ》 日《にち》

とく点《てん》 点《てん》

シール

1 書《か》きじゅんに 気《き》を つけて、かたかなを 書《か》きましょう。 ぜんぶ 書けて 40点

アイウエオ
カキクケコ
サシスセソ
タチツテト
ナニヌネノ
ハヒフヘホ
マミムメモ
ヤ(イ)ユ(エ)ヨ
ラリルレロ
ワ(イ)(ウ)(エ)ヲ
ン

2 絵《え》に 合《あ》う ことばを えらんで、○で かこみましょう。 1つ3点・18点

① 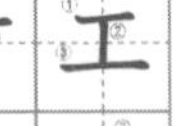 マイロン　**アイロン**

②  **テレビ**　チレビ

③  **ジュース**　ヅュース

④  ヌリッパ　**スリッパ**

⑤ 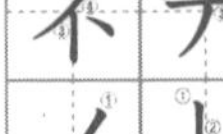 フレヨン　**クレヨン**

⑥  **トランプ**　イランプ

3 □に かたかなを 書《か》きましょう。 1つ3点・42点

① ア《あ》イス
② マ《ま》イク
③ ワ《わ》ンピース
④ ク《く》ッキー
⑤ フ《ふ》ォーク
⑥ ラ《ら》ーメン
⑦ ユ《ゆ》ニフォーム
⑧ ヨ《よ》ット
⑨ タイヤ《や》
⑩ カ《か》レー
⑪ テ《て》ーブル
⑫ チ《ち》ーズ
⑬ ソ《そ》ーセージ
⑭ ウイン《ん》ナー

46 国語2年　国語2年 47